—— 少儿环保科普系列丛书

地球上的居民

欧阳自远　主编

裘树平　费嘉　吴青益　著

贵州省科学技术协会审定

贵州出版集团公司
贵州人民出版社

图书在版编目（CIP）数据

地球上的居民/裴树平等著.——贵阳:贵州人民出版社,2010.12（2019.4重印）

（睁大眼睛看地球系列丛书）

ISBN 978-7-221-09238-0

I. ①地… II. ①裴… III. ①生物学–少儿读物IV. ①Q-49

中国版本图书馆 CIP 数据核字（2010）第 244410 号

《地球上的居民》

欧阳自远/主 编

裴树平 费 嘉 吴青益/著

出 品 人 曹维琼

责任编辑 吴 琳

出版发行 贵州人民出版社
地　　址 贵阳市中华北路 289 号（邮编:550004）
印　　刷 天津画中画印刷有限公司
版　　次 2011 年 6 月第一版
印　　次 2019 年 4 月第 2 次印刷
印　　张 4
开　　本 787×1092mm 1/16

书　　号 ISBN 978-7-221-09238-0
定　　价 22.00 元

本书获贵州省新闻出版局出版专项资金资助

保护环境，保护地球，
就是保护人类自己。

欧阳自远

二〇一〇年十二月廿三日

图为著名天体化学家与地球化学家，中国月球探测工程首席科学家，中国科学院院士，本丛书主编欧阳自远先生（右二）；执行主编李长江先生（右一）；副主编何中东先生（左二）；责任编辑吴琳女士（左一）。

目　录

序

　　《睁大眼睛看地球》——少儿环保科普系列丛书，以浅显生动的文字内容，直观感性的画面，让少年儿童能够了解地球、认识地球和保护地球。更重要的是，我们希望它带给少年儿童这样一个观念：地球是我们的母亲，人类是地球的孩子，我们每一个孩子都应该为母亲付出所有的爱，如同我们每个人都只有一位母亲一样，人类也只有一个地球。

　　保护环境，保护地球，其实就是保护人类自己。因为只有地球母亲的健康，才有蓝天碧水，才有森林草原，才有鲜花绿叶，才有种类万千的动物，才有生机勃勃的世界。可如今，地球正面临着苍老憔悴！为了地球母亲重焕青春，让我们大家一起去保护她，守护她，让她露出灿烂的笑容！

　　拯救地球，一起动手，保护环境，从我做起。

　　谨以此书，作为培养少年儿童热爱地球、增强环保意识的一种努力。
　　谨以此书，作为启迪孩子们的求知欲望、丰富精神世界的一种尝试。
　　谨以此书，作为我们承载教育子孙后代、立志科教兴国的一次实践。

欧阳自远

二〇一〇年十二月廿三日

生命的起源

最早的地球是一个没有生命的星球。幸运的是,它具有孕育生命的摇篮——海洋。在36亿年前,最原始的生命诞生了,它们是古老的细菌和蓝藻。经过30亿年的漫长岁月,也就是五六亿年前,海洋中出现了大量的软体动物、节肢动物和各种原始鱼类。

晨光博士

5亿多年前,地球上发生了"寒武纪生命大爆发",生物的种类急剧增多且数量众多。从此地球成为一个多姿多彩的生物大世界。

登 陆

大约 3.6 亿年前，一种叫鱼石螈的两栖动物完全摆脱了对水的依赖，登上陆地生活并在陆地繁殖后代。于是，爬行动物诞生了。

啊！怪兽！

恐龙时代

大约 1 亿多年前，我们的地球成了爬行动物的天下。在那段时期，不管天上还是地面，到处都能见到恐龙的踪迹。

哺乳动物大发展

6500万年前，恐龙由于种种原因灭绝了，地球上开始了哺乳动物的时代。

大问号

我们人类是什么时候出现的呢？大多数科学家认为，人类最早出现在 300 万年前，但也有人认为，500 万年前就已经有原始人类了。

无脊椎动物

科学家把地球上的动物分为两大类：脊椎动物和无脊椎动物。脊椎动物身体内有一条脊柱；无脊椎动物，体内没有脊柱。无脊椎动物又可以分为原生动物、腔肠动物、扁形动物、线性动物、软体动物、环节动物、节肢动物和棘皮动物。

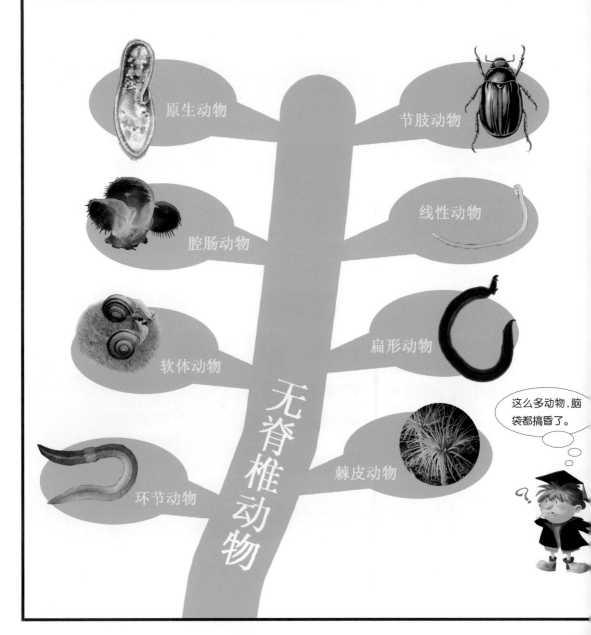

原生动物

节肢动物

腔肠动物

线性动物

软体动物

扁形动物

环节动物

棘皮动物

无脊椎动物

这么多动物，脑袋都搞昏了。

大吃一惊

如果把哺乳动物、鸟类、鱼类、爬行动物、两栖动物统统加起来，总共只有5万多种，而小小的无脊椎动物成员数量竟然超过了 100 万种！

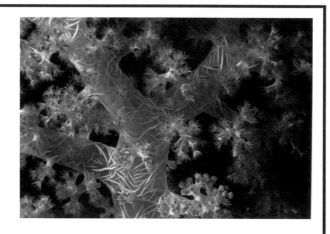

口 袋

腔肠动物为什么有这样古怪的名称？因为它们的身体好像口袋：它们有口，但没有肛门，吞入的食物经过消化，残渣还得从口中排出。除了水母，美丽的珊瑚也属于腔肠动物。

海底居民

棘皮动物的形状很奇怪，有星形、球形和圆筒形，身体表面还有很多棘状突起。这类动物几乎都生活在海底，例如海星、海胆、海葵、海参和海百合等。

软体家族

　　看名称就知道，软体动物的主要特点是身体柔软，弯曲自如。这个家族的成员将近有 10 万种，包括各种各样的贝类和螺类，还有陆地上的蜗牛，大海中的章鱼和乌贼。

我想知道，蜗牛的眼睛在哪里？

把"家"背在身上

　　蜗牛真是很有趣的动物。它的全身上下软软的，但身上总背着一个大硬壳，这就是蜗牛的"家"。休息时，它缩进"家"睡大觉，醒来后背着"家"周游四方。

触角上的圆珠

蜗牛脑袋上有两对触角，一对大，一对小。在大触角的顶端，长着两粒小圆珠似的眼睛，触角和眼睛连在一起，好像两根短短的无线电天线。

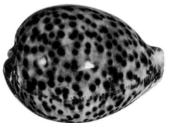 

大问号

蜗牛或鼻涕虫爬过的地方，为什么会留下一条亮亮的痕迹？原来，在蜗牛肚子下面有好多腺体，爬行时会不断分泌出黏液，这种黏液好像胶水，一遇到空气，马上变得干燥发亮。

钱的祖宗

"宝贝"是人人喜爱的贝类动物，它的贝壳光亮滋润，花纹美丽。在没有货币的古时候，人们就用宝贝的贝壳当钱使用，久而久之，凡是珍贵的东西都被称为宝贝了。

海中变色龙

号称"八臂怪兽"的章鱼，有8条力量强大的触腕，仿佛8条扭曲的长蛇，看上去很恐怖。不仅如此，章鱼还有变色绝招，能够任意改变皮肤的颜色，尽量保持与周围环境一致，使自己永远处于隐蔽状态中。

 晨光博士

章鱼的每条触腕上，有300多个大大小小的吸盘。

多脚的动物

让我数数，它有几只脚？

动物王国中最大的家族是节肢动物，它又分为几大类，其中一类是多足动物。看看画面上这条可怕的蜈蚣，就知道多足动物的主要特征了。它的身体细长，表面有很多环节，每个环节都长一对脚，怪不得有那么多脚了。

"毒牙"

不管是谁，见到蜈蚣都会感到心里发毛，那是因为它有可怕的"毒牙"被咬一口，十天半月痛苦不消。其实蜈蚣的"毒牙"是第一对附肢变成的颚足，里面藏着毒液。

天下第一

巴拿马山谷中有一种蜈蚣，全身有 175 个环节，每个环节长两对脚总共有 700 只脚呢！

动物档案

平时最常见的蜈蚣有 42 只脚，如果把那对有毒的颚足算上，应该是 44 只脚。

蝎 子

多足动物中最厉害的要数蝎子了。它有一对强大的螯足，尾巴后面还有一根向前弯曲的毒刺，这是它的秘密武器。当蝎子遇到猎物时，先用螯足钳住对方，再用毒刺给予对方致命一击。

恶臭难闻的马陆

马陆很像蜈蚣，虽然没有"毒牙"，却有化学武器防身。当它遇到敌害时，马上会分泌出一种难闻之极的恶臭液体，使那些想吃它的馋鬼没有了胃口。

晨光博士

在阴雨季节，马陆常常大量聚集在一起。曾经在日本的一条铁路线上，出现了超巨量的马陆，铁轨上，枕木上，到处是大堆大堆的马陆，它们散发出冲天的臭气，竟然使交通出现了短暂的瘫痪。

甲壳动物蟹与虾

节肢动物分为多足纲、甲壳纲、昆虫纲和蛛形纲等几大类。蟹和虾属于甲壳纲动物，主要特征是头部和胸部愈合，外面覆盖一层坚硬的头胸甲。

蟹的模样真是稀奇古怪，没有脖袋，也没有尾巴，身体两边长着8条腿，特别在行走时更有趣，总是举着一对大钳子，不往前走，而是横着爬行，也许在它眼里，横行就等于向前。

嗨！帮我采一个椰子！

采椰子

蟹类家族中有个神奇的家伙叫椰子蟹，竟然能轻轻松松爬到椰子树上，用大钳子钳下一只只椰子，然后在椰子上钻个孔洞，把椰子肉挖出来吃。

大钳的作用

蟹的两只大钳用处很大，既是挖洞穴的工具，又是防御和进攻的武器。当它遇到惊吓时，会立即举起双钳，张牙舞爪地向来犯者示威。

大问号

为什么蟹和虾烧熟后都会变成橘红色？原来，它们的外壳中含有很多色素，在高温下，别的色素都被破坏掉了，只有红色素不怕高温而保留下来，所以蟹和虾就变红了。

天下第一

最大的蟹是日本蜘蛛蟹，如果把它的"手脚"全部伸展开，有一张圆桌面那么大。

虾中之王

它的名字叫龙虾，长相最威武，个头也最大。但是，别的虾会游泳，龙虾却不会，它只能在海底慢慢爬行，白天躲在礁石缝隙中，到晚上才出来寻找食物。

"棒棒糖"

蟹的眼睛有趣极了，眼珠下面有长长的柄，看东西时就升出来，好像两根棒棒糖，不看时又会缩回去。

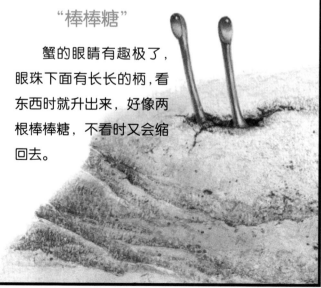

织网专家

"小小诸葛亮,独坐中军帐,摆开八卦阵,专捕飞来将。"这是描写蜘蛛在蛛网中央,等待着飞虫来自投罗网的谜语诗。善于织网的蜘蛛,肚子里面有 3 对纺器,能吐出一种蛋白质的丝液,丝液一遇到外面的空气就会凝结成蛛丝。

晨光博士

蜘蛛有 8 个眼睛,但视力很差;没有耳朵,却能利用细细的长腿,通过蛛网的振动"听"到周围的声音。

   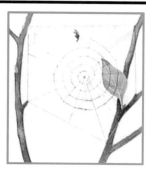

织网过程

虽然蜘蛛是织网专家,但是,要织好一张蛛网也不那么容易。一开始,蜘蛛先吐出一根丝,轻柔的丝随风飘荡,等它飘到对面树枝上粘住后,再一根根加上去。

进 餐

蜘蛛进餐的方式别具一格,先用钩状螯足穿刺猎物,往里面注射毒液,使猎物麻醉,然后再分泌出消化液将猎物的内脏和肌肉溶解成肉浆,最后才开始吮吸。

大问号

蛛网的黏性很强,飞虫一碰到就会被牢牢粘住,可是,蜘蛛自己在网上行走为什么没有被粘住呢?原来,它脚上覆盖着一层薄薄的油,好像润滑剂那样,所以能在网上行走自如。

蜘蛛之王

南美洲的猛蛛是世界上最大的蜘蛛,身体有鸡蛋那么大,如果把腿平展伸开,直径有 25 厘米,差不多和餐桌上的盆子那么大!

猎食蛛

大多数蜘蛛用蛛网捕捉猎物,但有些却根本不会织网,这类蜘蛛叫猎食蛛。猎食蛛有它们自己的特点,例如 8 条腿都健壮有力,能蹦善跳,而且目光敏锐,有的还能喷射毒液呢!

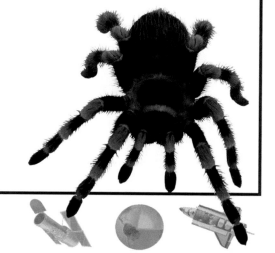

昆虫王国

什么是昆虫？动物学家告诉我们，昆虫的外面包着坚硬的外骨骼，整个身躯分为头、胸、腹三部分，都有6只脚和两对翅膀，脑袋上有触角，大多数昆虫有复眼。在我们地球上，有80%的动物属于昆虫，它们的数量大约有100万种。

"迷你飞机"

蜻蜓，平展的四翅，细长的腹部，看上去真像一架轻巧灵活的小飞机。它不仅身体像飞机，飞得高，飞得快，而且能做许多高难度动作，例如倒飞和侧飞，可以直挺挺地悬在半空也可以突然起飞，或者在急飞时突然降落。

晨光博士

昆虫的复眼看上去都比较大，都是由很多六角形的小眼组成，最少的有五六只，最多的有几万只。

奇怪的管子

蝴蝶爱吃花蜜，但花蜜在花朵底部，怎样才能吃到呢？幸好它的嘴巴像一根长长的管子，平时卷起来，吸食花蜜时会能伸得好长好长的。

"会飞的花朵"

蝴蝶在花丛中翩翩起舞，与五颜六色的鲜花交相辉映，因此有人称它是"会飞的花朵"。蝴蝶的美丽是因为翅膀上有无数鳞片。鳞片不仅美丽，还能保护翅膀。因为鳞片中含有好多脂肪，不怕被水打湿，在雨中也能自由飞翔。

识别蝶与蛾

很多人都不清楚，蝶与蛾有什么差别？其实你只要仔细观察，就会发现它们之间有四大不同。

膀宽大，休息时竖立在背上；触角像两根带头的小细棒；肚子瘦瘦长长；喜欢白天活动。

蛾：翅膀小，休息时平铺在背上；触角像细丝或羽毛；肚子又粗又短；喜欢夜晚活动。

哇！简直是地下迷宫！

蚂蚁之家

小小的蚂蚁却有一个大大的家庭。它们分工不同，各行其责：蚁后是家长，兵蚁负责保护安全，工蚁干杂活。蚁穴隐藏在地下，外面只有一个小洞，里面却是四通八达的厅、堂、楼、阁，分别作为育儿室、储藏室和卧室等等。

大问号

白蚁是蚂蚁吗？当然不是。它与蚂蚁的最大区别是：白蚁有两对长长的翅膀，而蚂蚁却没有；因此白蚁能飞，蚂蚁却只能爬。

蜜 蜂

蜜蜂是高度合群生活的昆虫，一个蜂群就是一个结构稳定的"社会大家庭"。家庭之中有蜂王、雄蜂和工蜂。它们中最辛苦的要数工蜂，每天除了采集花粉、酿造蜂蜜之外，还要清扫蜂房，养育幼蜂。

传播花粉

蜜蜂采蜜，身上会沾满花粉，当它飞到别的花朵上采蜜时，顺便帮助植物传播了花粉，使植物能结出更多的果实，帮助植物传宗接代。

小"水瓢"

这种硬壳甲虫好像被切开的半个小球，又像一只小水瓢，所以人们管它叫瓢虫。瓢虫虽然和普通昆虫一样有两对翅膀，但外面一对变成了硬壳，里面一对才是飞行的翅膀。

晨光博士

甲虫是昆虫中的一大类，总共有30万种。

独角仙

浑身乌黑油亮，头上有根长角，好像一辆伸长炮口的坦克。如果要问独角仙有多大？说出来要吓你一跳，连头带脚有两根香烟那么长，不愧是甲虫之王。

好瓢虫和坏瓢虫

大多数瓢虫是消灭蚜虫、保护庄稼的益虫，但也有少数是危害庄稼的害虫。怎样区分它们呢？方法很简单：外壳特别润滑和闪闪发光的是好瓢虫，外壳上有密密麻麻细绒毛的通常都是小坏蛋。

呀！你身上怎么挂灯笼？

萤火虫

这是一种很特别的甲虫，因为在它的肚子后面有个发光器官，发光时，亮光能透过皮肤照出来，好像身上挂着个小灯笼。更神奇的是，不同的萤火虫能发出不同颜色的光，浅蓝的、橘红的、淡黄的，甚至还能闪出三色光。

蝗虫

这种善于跳跃、善于飞行的昆虫，长着两片带锯齿的大牙，特别适合"喀嚓喀嚓"地啃咬植物，是庄稼的大敌。据统计，世界上有两万多种蝗虫，几乎都是害虫。

残害树木的"吸血鬼"

这种昆虫叫蝉，嘴巴是一根又长又硬的"针"，能刺入厚厚的树皮中，吮吸树干中的汁液。

动物档案

每到夏天，蝉会发出"知了，知了"的叫声，但是，只有雄蝉才是夏天的歌手，雌蝉都是不会发声的哑巴。蝉也被称为"知了"。

细菌使者

苍蝇为什么有"细菌使者"的外号？因为它喜欢飞到人类餐桌上，一边舔食菜肴，一边排泄粪便，而且1小时要排几十次！这些粪便中含有无数细菌，犹如一颗颗肉眼看不见的细菌弹，进入到人体中，严重危害人体健康，所以苍蝇是"四害"之一。

讨厌的蚊子

蚊子比苍蝇更可恶，更讨厌，因为它不但传播疾病，还有吸人鲜血的坏习惯，也是"四害"之一。

晨光博士

蚊子的嘴不会发声，只有在飞行时，翅膀拼命扇动后才会发出讨厌的"嗡、嗡、嗡"的声音。

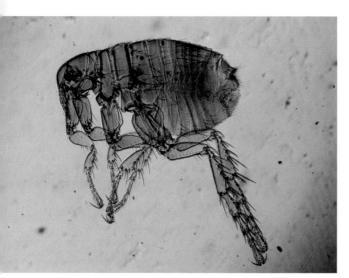

"蹦跳之王"

跳蚤也是一个讨厌的家伙，喜欢寄生在人体上，依靠吸人血为生。它号称"蹦跳之王"，跳跃的高度，差不多是自己身高的200倍！

水下居民——鱼类

鱼类是生活在水中的脊椎动物,共有 25000 多种。鱼类终年与水打交道,具备了一整套适应水中生活的本领。它有能在水中呼吸的鳃器官,还有适应水中运动的鳍。除此以外,大多数鱼类的肚子里有鳔,鳔里充满空气,可以调节鱼体的比重,使鱼儿能在水中自由沉浮。

奇怪,鱼儿从不眨眼。

睁眼睡觉

人会眨眼,睡觉时要闭上眼睛,但鱼类却不会,因为它们没有眼睑。眼睑和眼皮相似,所以,就算鱼在呼呼大睡时眼睛也总是睁得大大的。

鱼鳞和侧线

很多鱼的身上布满鳞片，就像古代士兵穿戴的铠甲，对身体起保护作用。有趣的是，在鱼的左右两侧，还有两根长长的侧线，这是鱼儿的感觉器官，能够感受水流的快慢缓急。

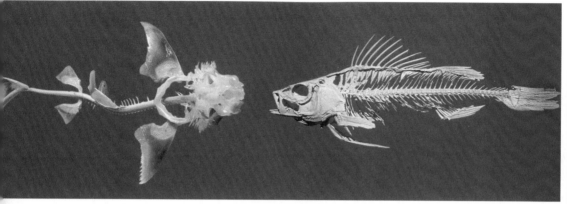

软骨和硬骨

鱼类主要分软骨鱼和硬骨鱼两大类。软骨鱼的骨骼全部由软骨组成，大多数生活在海洋中，如鲨鱼和鳐；硬骨鱼恰恰相反，骨骼由硬骨组成，如常见的黄鱼。

 ## 大吃一惊

在放大镜下，能看见鱼鳞上有一圈圈的花纹，那是鱼的年轮。圈数越多，表示鱼的年龄越大。

 ## 晨光博士

鱼类不能从空中得到氧气，却可以利用水中的氧气。当水流从鳃边流过时，气体交换就发生了。水中的氧气通过鳃进入鱼体内，鱼体产生的废气也通过鳃排出到水中。

白肚子的秘密

大多数鱼类的背部颜色深，肚子颜色浅，甚至白色，为什么呢？因为鱼游泳时总是背朝上，白色的鱼肚子和明亮的天空很相似，这样就不容易被深水中的大鱼发现。同样，背部的深颜色与水的颜色差不多，也不容易被空中的捕鱼鸟类发现。

水陆两栖

这是一类由水中生活过渡到陆地生活的脊椎动物，动物学家称它们为两栖动物。两栖动物幼年时通常生活在水中，到了成年后再到陆地生活。青蛙、娃娃鱼就是这类动物的代表。

晨光博士

从蝌蚪到青蛙，见证了两栖动物的生活历程。小小的蝌蚪生活在水中，没有四肢，只有一条尾巴。随着时间的推移，蝌蚪出现了一连串变化，先是长出两条后腿，接着又长出前腿，最后尾巴慢慢消失，它来到陆地生活，成为能蹦善跳的青蛙。

声　囊

每到夏天夜晚，青蛙就开始"呱！呱！呱！呱！"地大声叫唤。有趣的是，青蛙叫声是从喉咙边两个声囊发出的。叫唤时，声囊像吹口香糖泡泡那样一鼓一鼓的，真好玩。

咦，青蛙在吹泡泡！

奇怪的长舌

青蛙有一根很特别的长舌，舌根长在嘴唇处，舌尖朝向喉咙，当它发现昆虫，舌头会闪电般地朝外翻出，好像吐出一根鞭子，一下子就把昆虫粘住了。

娃娃鱼

它的正式名字叫大鲵，是两栖动物中最大的成员，因为它的叫声好像婴儿的啼哭声，所以大家就叫它"娃娃鱼"了。

鬃毛蝾螈

火鲵

高山鲵

平滑蝾螈

长尾鲵

蝾螈

它们是各种各样的蝾螈，都是娃娃鱼的近亲，虽然样子和娃娃鱼差不多，但个头却小多了。

大吃一惊

青蛙只能看见运动的物体，如果静止不动的死昆虫放在它面前，它也只能"视而不见"。

没有脚的爬行动物

我害怕！

蛇是爬行动物中的一大类群。它浑身上下布满鳞片，看上去好像一根长长的带子。蛇没有四肢，也可以说有千千万万只"小脚"，这许多"小脚"就是鳞片，因为鳞片的一开一闭，就像小脚向前迈步那样，带动身体前进。

眼镜蛇

毒蛇之中，眼镜蛇的模样最可怕，特别当它被激怒后，前半身竖立而起，长满花纹的脖子突然胀大，这时候，它的身体开始左右摇摆准备随时发起进攻。

动物档案

爬行动物主要包括蛇类、蜥蜴类、龟类和鳄鱼类。

大问号

怎样才能区分毒蛇和无毒蛇呢？关键看毒牙。毒蛇肯定有毒牙，而且脑袋常常呈三角形，尾巴短并突然变细；无毒蛇的头通常是椭圆形，尾巴长，而且渐渐变细。

蛇信

经常看见蛇的"舌头"一吐一收，太恐怖了！其实，这种分叉的"舌头"叫蛇信，伸出来不是为了吓唬人，而是代替鼻子嗅闻四周的气味。

蛇中之王

身躯巨大的蟒蛇虽然没有毒，但是它有可怕的力量使对手无法抵抗。蟒蛇一旦发现猎物，先是悄悄接近，接着一口咬住，最后用自己的身体一圈一圈缠住猎物，直到把猎物勒死才吞食。

保护

现在有很多人见蛇就打，其实很不应该。因为很多蛇是人类的好朋友，不仅不伤害人类，而且还是捕杀老鼠的行家里手。让我们都记住：保护蛇类，人人有责。

响尾蛇的声音

当响尾蛇摇动尾巴时，会发出"嘎拉嘎拉"的声音，这种声音有点像潺潺的流水声，口渴的小动物听见后会过来找水喝，结果成为响尾蛇的猎物。

蜥蜴中的伪装大师

蜥蜴和蛇类很相似，身上都布满鳞片，但它们却比蛇多出4条腿。画面上的蜥蜴叫变色龙，也叫避役。它简直是一名色彩魔术师，为了隐蔽伪装自己，它能随意把身体颜色变来变去，变得与周围环境一模一样。

独立的双眼
变色龙的两只眼睛能单独活动，当一只向上或向前看时，另一只可以向下或向后看，这样，它不用移动身体，就能观察四面八方了。

晨光博士

壁虎有一条神奇的尾巴，当它遇到可怕的敌人后，尾巴会自动断开，这时，断尾巴中的肌肉和神经还没有死，还能不停扭动，引开敌人的注意力，然后身体乘机溜走；真有"舍车马保主帅"的本事。

壁　虎

夏天的晚上，常常能看见壁虎在墙壁上捉虫吃。为什么它能在光滑的墙面上爬行不落下来呢？原来，这种小动物的脚趾上有好多柔毛，能像吸盘那样吸附在墙壁上。

会飞的蜥蜴

这种蜥蜴叫飞蜥，肚子两边有一对"翅膀"，能从一棵树滑翔到另一棵树上。

科摩多龙

只有在印度尼西亚的科摩多岛上，才能见到这种蜥蜴中的"巨人"。它有4米多长，当它巨大的身躯在地面上爬行时，简直就像复活的恐龙。

动物档案

科摩多龙或别的巨大蜥蜴，强劲有力的尾巴是它们的武器，遇到敌人，只要猛力甩出大尾巴，准能把对手打翻在地。

动物"坦克"和"巡洋舰"

我不怕，我想叫它背我过河。

龟，一类古老而又长寿的爬行动物。它有一个又宽又短的身躯，外面包着沉重坚硬的甲壳，爬行时好像有生命的坦克在缓缓而行。龟身上最灵活的部位是头颈，细细长长的，平时高高伸出甲壳外寻食，只要一遇到危险，长脖子立即会缩进甲壳中。

动物"巡洋舰"

鳄鱼，爬行动物中最可怕的成员！它的身体表面有好多厚厚的骨板，很坚硬就算砍上几刀也没关系。最可怕的是，它有一张布满尖牙利齿的大嘴，如果被它咬一口，不死也得受重伤。

晨光博士

龟身上的硬甲很有意思，不管是什么种类，龟甲都是由 13 块小硬甲组成，而且每块小硬甲都是六角形，所以有人给龟取了个外号叫"十三块六角"。

象 龟

在南美洲的加拉帕戈斯群岛，生活着一种巨大的象龟，身长 1.5 米左右，身高 0.5 米左右，体重大约 250 千克，爬行时，身上还能轻松地驮着两个人。

龟的"表兄弟"

这是人人熟悉的甲鱼，又叫鳖，是龟的近亲。龟的身上有花纹，其实甲鱼也有，只不过甲壳外面多蒙了一层灰黑色的皮肤，所以就看不见花纹了。

动物档案

龟可以活到 300 多岁，所以号称动物中的"寿星"。其他动物的"寿缘"都不如龟：大象能活 70 岁，大猩猩 50 岁，老虎 0 岁，狮子 30 岁，长颈鹿 28 岁，牛 25 岁，猪 20 岁。

吞石块

每当鳄鱼饱餐一顿之后爱吞石块，为什么呢？原来，它是利用石块来帮助消化食物。

鸟类世界

哇！它比我还高！

动物档案

不同的鸟类有不同的特点，有的会游泳，有的喜涉水，有的爱鸣叫，有的善攀援，还有的很凶猛。根据不同的生态特点，鸟类可以分为走禽、游禽、涉禽、猛禽、攀禽和陆禽六大类。

鸟类是能在空中飞行的高等脊椎动物，总共有9000多种。它们最大的特点是：都有角质喙而没有牙齿；身上长满羽毛；前肢变成了翅膀。它们都有恒定的体温，就像人类有恒定的37℃体温一样；它们都是依靠产卵繁殖后代。

奔跑健将

鸟类中个子最大的是鸵鸟，身高竟然超过两米。它虽然不会飞，但是奔跑能力超强。在它高速奔跑时，一步能跑3米远，就连最好的骏马也追不上。

大吃一惊

鸵鸟蛋要比普通鸡蛋大 24 倍,就算上面站一个小孩,蛋壳依然不碎!

最小的蜂鸟

与鸵鸟相反,鸟类中最小的是蜂鸟,生下的蛋就像一粒小黄豆。瞧!这只蜂鸟正在品尝它最爱吃的花蜜。

会"说话"的鹦鹉

鹦鹉长期住在人类家中,经常听到一些简单语句,就像条件反射那样重复出来,这其实不是说话,而是模仿。奇怪的是,鹦鹉没有声带,怎么会发声呢?原来,它的鸣管外有层特殊的肌肉,能使鸣管颤动后发出各种声音。

大嘴巴鹈鹕

这是一种大个子的水鸟,既会飞,也会游泳,甚至能到水下潜泳。它有一张奇怪的大嘴巴,前面像尖尖的钳子,下面挂着一个皮兜兜。皮兜兜平时缩在里面,到捕鱼时才展开,成为它随身携带的"渔网"。

除了猫头鹰外，老鹰、秃鹫、雕和隼等都属于猛禽。所有的猛禽都有弯弯如钩的利嘴和锋利坚硬的爪子。

呀！这是刚才狮子吃剩下的尸体。

黑夜猎手猫头鹰

夜幕降临，大多数鸟儿回巢睡觉了，猫头鹰却刚刚开始工作。它在黑暗中的视力要比人类强 10 倍，而且飞行时悄然无声，特别善于捕捉夜间活动的老鼠。

秃鹫

这种大鸟身体有 1 米多长，脑袋脖子光秃秃的，样子很凶猛。它们吃东西不挑食，甚至连腐肉也很爱吃。瞧！它们发现了一具斑马尸体，一拥而上，吞食尸体上的腐肉。

千眼美女

如果鸟类王国中有选美的话，冠军肯定是孔雀。孔雀身披翠绿色的羽毛，明亮而又鲜艳，特别在开屏时，像扇子般打开的尾羽更显得五光十色，美丽动人。顺便要告诉大家的是，只有雄孔雀才会开屏。

"森林医生"

这是大名鼎鼎的
啄木鸟。它喜欢攀在树干上，
东敲敲，西敲敲，根据敲出来的不
同声音就能知道树干内有没有害虫。如
果发现害虫，它会用尖尖的嘴啄开树皮，把藏
在里面的害虫捉出来。

涉 禽

涉禽喜欢在浅水中行走，它们都有细
细的长腿，还有鱼叉似的长嘴，特别适合在
浅水中啄食小鱼。涉禽包括各种各样的鹤、
鹭鸶、鹳等种类。

大雁南飞

随着季节的变化，候鸟每年都要沿着固定的路线进行长距离迁飞。大雁就是著名的候鸟，在
迁飞时，整个雁群常常排列成"人"字队形。

会生蛋的哺乳动物

澳大利亚有一种叫鸭嘴兽的怪动物。说是鸟类吧，它用 4 条腿走路，没有翅膀，而且靠乳汁哺育孩子；说是哺乳动物吧，它又会生蛋。最后，还是由动物学家确定：它属于最原始的哺乳动物，但还保留一些鸟类和爬行动物的特征。

搞错了吧，只有小鸟才生蛋。

喂 奶

鸭嘴兽母亲没有乳房和乳头，乳汁是从肚子两边分泌出来，喂奶时，它躺倒在地，让孩子爬到它肚子上舔食流出来的乳汁。

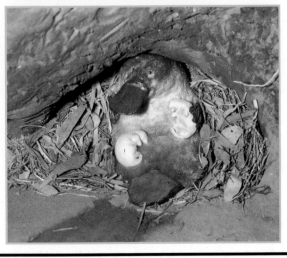

动物档案

哺乳动物都有共同的特点：胎生和哺乳。但是只有几种最原始的成员，如鸭嘴兽和针鼹，是通过产卵的方式繁殖后代。

"桨"和"舵"

鸭嘴兽的脚趾间有鸭子那样的蹼,能当桨划;尾巴又宽又扁,可以代替掌握方向的舵。有了"桨"和"舵",鸭嘴兽在水中就像鱼儿一样灵活了。

"地下别墅"

鸭嘴兽喜欢在河边建造它的"地下别墅",里面铺着松软的干草。"别墅"有两个出口,一个在水里,另一个在陆地。

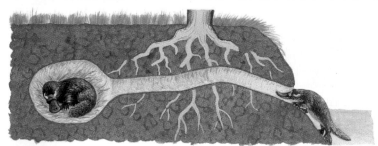

针 鼹

它与鸭嘴兽一样,虽然属于哺乳动物,也通过产卵繁殖后代。针鼹很像刺猬,全身是针刺,但是它的刺还有倒钩,威力更大。

长嘴巴

针鼹的嘴巴又长又坚硬,可以插入到蚁穴内,然后伸出细细长长的舌头,将一只只蚂蚁粘住。由于针鼹爱吃白蚁和蚂蚁,对保护森林很有帮助。

有口袋的动物

这是一类特别有趣的动物，在它们的腹部或背上，比其他动物多出一个专门育儿的皮口袋。有了这个育儿袋，孩子就能时时刻刻依偎在妈妈身边，再不用担心遭到意外伤害。瞧！这只小袋鼠正探出脑袋东张西望，如果没有危险就可以出去玩啦！

晨光博士

只有袋鼠妈妈有育儿袋，袋鼠爸爸没有育儿袋。

刚刚诞生的"婴儿"

这是刚生下的幼袋鼠，很小很小，还没有鸡蛋大。你看，它正在妈妈的育儿袋中吮吸乳汁呢。

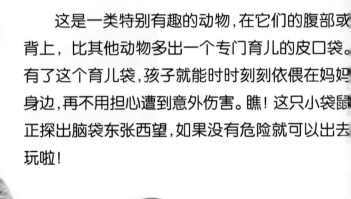

动物档案

有口袋的动物共有 100 多种，它们大部分生活在澳大利亚，所以，人们把澳大利亚称为"有袋动物的故乡"。

可爱的树袋熊

这是一对可爱的树袋熊母子，小家伙以前住在妈妈的口袋中，后来身体长大，口袋太小住不下了，妈妈就背着孩子东奔西走。顺便补充一句，树袋熊的另一个名字叫考拉。

"活僵尸"

有袋动物中的负鼠最善于装死。当它遇到敌人时，眼看逃不掉，索性四脚朝天躺下装死。这时候，它两眼发直，嘴巴半露，活像一副僵尸摸样。敌人见到是一具死尸，就没有胃口吃它了。

负鼠

袋狼

袋鼬

袋猫

袋熊

袋獾

原来它们都是有口袋的动物啊！

袋鼹

会飞的小野兽

喂！这样睡觉危险！

很多人以为蝙蝠是不长羽毛的飞鸟，其实它根本不是鸟类，而是善于飞行的哺乳动物。蝙蝠睡觉时爱把身体倒挂在岩洞顶部或树枝上，为什么呢？原来，倒挂睡觉使身体不直接碰到冰冷的岩壁，能起到保暖作用，而且遇到危险时还可以随时远走高飞。

食虫蝠

蝙蝠中的大部分成员是食虫蝠，它们每天要吃到几十只，甚至几百只小昆虫，其中大多是蚊子、飞蛾之类的坏家伙。

晨光博士

蝙蝠的视力很差，几乎是个瞎子，但是当它飞行时能发出超声波，超声波在空中碰到障碍物，可以立即反射回来，蝙蝠就知道前方的情况了。人们通过仿生学，学会了这一技术，创造出探测空中有否来犯之敌的"雷达"。

可怕的吸血蝠

它长着又长又尖的牙齿，像手术刀一样锋利，喜欢攻击家畜和家禽，有时候也会飞到屋内，吮吸熟睡人类的鲜血。瞧！这只吸血蝠正用牙齿割咬开鸡脚，舔食流出来的血。

爱吃水果的蝙蝠

这只正准备大吃一顿香蕉的蝙蝠叫果蝠。

天空渔夫

想不到，蝙蝠中居然还有会捕鱼的渔夫！它的名字叫捕鱼蝠，只要发现有鱼儿接近水面，马上猛扑下来，将带有尖爪的双脚伸进水中，逮起一条小鱼。

天下第一

太平洋中有个巨蝠岛，那儿的蝙蝠大极了，翅膀展开有 1 米多长，飞行时简直像一只大鹰。

铠甲"武士"

这类动物和大多数动物不一样，身上裹满坚硬的大鳞片，好像身披铠甲的古代武士。它的名字叫穿山甲，性格非常温顺，因为它只吃小小的蚂蚁或白蚁。

动物档案

我们知道，白蚁是破坏森林的罪魁祸首，而穿山甲恰恰是白蚁的死对头，每天要消灭大量白蚁。一只穿山甲，就能保护 280 亩山林免遭白蚁危害，因此，它被人亲切地称为"森林卫士"。

犰狳

这种动物真是特别，全身上下都覆盖着骨甲，骨甲上还附生着角质鳞甲，鳞甲之间互相连接，甚至在四肢和嘴巴上也有骨甲保护，只有腹部一小块地方长毛。

活的"足球"

犰狳遇到强敌之后，全身卷成球状，使敌人束手无策。有趣的是，当地的印第安族小孩，常常把卷成一团的犰狳当足球踢。

皮肤上的尖刺

这种小动物大家都认识，它就是有趣的刺猬。刺猬身上虽然没有骨板鳞甲保护，但却有更厉害的尖刺武器，大多数敌人对它都不敢轻举妄动。

豪 猪

与刺猬相比，豪猪的个头要大得多，身上的刺更长、更硬、更粗、更厉害，有的甚至还能像箭那样，把刺"射"出去。

晨光博士

刺猬和豪猪虽然身上都长刺，但它们的行为却差别很大。刺猬经常捕食蝼蛄、蝗虫等害虫，保护庄稼。而豪猪则喜欢用锋利的门牙啃咬植物根茎，糟蹋农作物和瓜果、蔬菜。

最像人的动物

在种类万千的动物王国中,黑猩猩、大猩猩、猩猩和长臂猿几种动物最像我们人类,而且它们的聪明程度也和我们人类较接近,因此被称为类人猿。它们中最聪明的要数黑猩猩,它不仅具有像人类一样的喜怒哀乐表情,而且还会使用工具呢!

呵呵,黑猩猩一会开心,一会生气。

快乐时开心地笑。

想吃东西时嘴巴就会嘟起。

受到惊吓时张嘴大叫。

生气时的表情显得特别严肃。

晨光博士

黑猩猩是懂礼貌的动物，朋友见面时会用鞠躬、亲吻或拥抱的方式互相问候。经过训练的黑猩猩能干不少家务活，例如拖地板、扫垃圾，见到主人拿香烟，还会立即点燃打火机。

猩猩之王

大猩猩的外号叫大猿，身材魁梧结实，个头有两米高，如果它是人类的话，肯定能成为优秀的篮球运动员。大猩猩看上去很凶恶，但性格很温顺，而且很胆小，决不会主动进攻别人。

红色毛发

还有一种猩猩披着一身红毛，所以又称红猩猩。它平时都呆在树上，很少到地面上活动。

长臂猿

听名字就知道它有两条特别长的手臂，但究竟有多长呢？这样说吧，它的身高还不到 1 米，可是两条手臂伸展开来竟有 1.5 米左右长。当它站起身来，双手下垂居然能碰到地面！

顽猴一家

走进动物园，猴子肯定是最受欢迎的动物，尤其是一身黄毛的猕猴。它们天性好动，整天手脚不停地窜来窜去，与伙伴们打打闹闹，做出各种各样可笑的动作。不管在野外还是在动物园，每一群猕猴就是一个小小的社会，由身体最强壮、力气最大的公猴当猴王。

金丝猴

它和大熊猫一样，是我国最著名的特有珍稀动物。金丝猴的相貌奇特，天蓝色的脸中央，露出两只朝天鼻孔，还有一身金黄色的长毛，在阳光下发出金子般的光泽。

大问号

在动物园的猴山中怎样识别猴王呢？猴王常常占据猴山的制高点，而且会把高高翘起的尾巴弯成"S"形。

晨光博士

　　猴子和猩猩的最大区别是：猴子有尾巴，猩猩却没有。

第五只"手"

　　这是生活在南美洲热带森林中的蜘蛛猴，因为身体和四肢都很细长，远远看去就像一只大蜘蛛。它有一条特别灵活的长尾巴，能牢牢卷住树枝，空出手却干别的事情。所以，很多人把这条长尾巴称为第五只"手"。

凶猛的山魈

　　它是猴类中的"匪徒"，看上去就是一脸凶相：鼻子鲜红，眼露凶光，身材魁梧，脾气暴躁，凭着一身蛮力，遇见狮子也敢斗一斗。

长鼻猴

　　这是相貌古怪的长鼻猴，长着一只奇大无比的鼻子，当它发怒时，那只大鼻子会突然鼓起来，不停地晃动，同时还能发出响亮的颤音，用来恐吓敌人。

长鼻巨兽

我要是有长鼻子就好了。

大象是现今陆地上最大的动物，在它巨大的身躯下面，长着四条圆柱子般的粗腿，一对大耳朵和一对大象牙。当然，它身上最显眼的特征是那条长长的大鼻子。

动物档案

世界上有两种大象，一种叫亚洲象，个头较小，鼻尖只有一个突起；另一种叫非洲象，个头较大，鼻尖有两个突起。

长鼻子的用途

大象的鼻子就像人类的双手一样灵活，干什么都离不开它。它能卷起地上的嫩草，又能摘下枝头的果实，大热天常常用长鼻子一下子吸很多水，喷洒到身上，痛痛快快地洗个澡。

"通气管"

大象虽然不会游泳，但遇到河流阻挡并不害怕，哪怕河水能把它的身体淹没，它也敢下去。因为大象过河时，总要把鼻子高高举出水面，有了这根"通气管"就不会呛水了。

大问号

听说大象最怕老鼠，因为老鼠会钻到大象鼻孔中乱咬乱抓，是这样吗？这种说法不对，其实老鼠见了大象就逃跑，就算钻进大象鼻孔，只要大象一甩长鼻，老鼠就被甩出来了。

史前怪兽

这是 40 多亿年前的长毛猛犸，现在已经灭绝。知道吗，它是现代大象的亲戚呢！

大门牙动物

　　人人讨厌，个个喊打的老鼠，由于身体小，反应灵敏，适应能力强，多少年来虽然一直受到人类的围剿，但它依然活在世上。说起老鼠，最大的特点就是那对特别发达的门牙，正是因为这对大门牙，使它成为残害庄稼、森林和居室家具的"罪犯"。

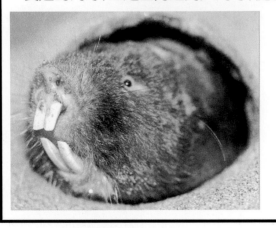

磨牙的秘密

　　人类的牙齿长到一定程度就不再长了，但老鼠的门牙会永远不停地生长下去，怎么办呢？于是老鼠就特别爱啃咬硬东西，不仅咬坚果、树根，甚至把人类家中的箱子、柜子啃坏，当然，它是为了把门牙磨短。

灭鼠专家

猫头鹰、蛇、黄鼠狼和猫都是消灭老鼠的专家，只要我们保护好这些老鼠的天敌，就是为消灭老鼠做出了贡献。

松鼠的大尾巴

老鼠讨厌，但松鼠却很可爱，因为它有一条蓬松漂亮的大尾巴。松鼠喜欢在松树上窜来窜去，大尾巴起到平衡作用。如果松鼠不小心从树上摔下来，尾巴上的毛会松开，像降落伞那样使身体缓缓下落。大冷天晚上睡觉，身体缩在大尾巴里，尾巴又成了保暖的被子。

豁嘴巴

兔子是天生的豁嘴巴，嘴唇当中裂开一道缝，只要张开一点点就能露出发达的门牙，啃咬嫩草方便极了。

耶！可爱的长耳朵。

兔子的长耳朵

"长耳朵，短尾巴，走起路来蹦跶跶"，这就是兔子。兔子的长耳朵有特殊用处，因为它喜欢躲在草丛中，耳朵长就能伸出草丛外，既能听见周围动静，又不会被敌人发现。

大海中的狮、豹、象

啊！我听见了狮吼！

虽然海狮和狮子的外貌有很大差别，但有些雄海狮的头颈上也披着狮子般的鬃毛。更主要的是，雄海狮在仰天大叫时，很像陆地狮子的怒吼，正因为这样，人类就把它称为"海中的狮子"。

顶球绝招

因为海狮的平衡器官特别发达，所以，表演鼻子顶球的杂技节目对它来说不是一件难事。

动物档案

凡是身体像纺锤形，四肢变成鳍状，适宜在水中游泳的动物都叫鳍足目动物。这是一类喜欢水中生活的哺乳动物，主要成员有海狮、海豹、海象、海狗、儒艮等。

胖子海豹

海豹生活在很冷的地方，为了抵抗严寒，皮肤下积累了特别厚的脂肪层，这就等于穿上了一件大棉袄。海豹善于游泳，但到了陆地，只能用肚子贴着地面慢慢挪动，真是痛苦极了。

嘴上的"猎叉"

海象与陆地大象唯一相似的地方，就是嘴巴前有两根白色象牙。这对象牙用处可大了，能用它在水下的沙地上挖掘，寻找爱吃的海螺和贝类动物，雄海象还用它当作打架的武器。

大问号

海豹的名字有什么来历吗？当然有，因为海豹的皮毛外布满棕黑色的斑点，看上去有一点点像金钱豹。

美人鱼

很多人都称这种动物是美人鱼，其实，它的真正名字叫儒艮。

海洋中的"巨人"

天下第一

蓝鲸是地球上最大的动物，据说要把 30 头大象加起来，才和最大的蓝鲸一样重！它的一条舌头，差不多等于一头黑熊的体重！

鲸是一类完全生活在水中的哺乳动物。它们的体形像鱼，前肢变成了鳍状，后肢退化了，身体表面没有毛。它们大部分是庞然大物，但也有相对较小的海豚和江豚。

奇怪的嘴巴

蓝鲸嘴里没有牙齿，只有一排梳子似的鲸须。它张开大嘴，让海水流进来，然后再闭上嘴，水从鲸须缝中流出，水中的小鱼小虾则留在了蓝鲸嘴里。

"杀手"虎鲸

看看它满嘴的尖牙，就知道它有多厉害了。虎鲸不仅捕食海豹，肚子饿极时，还敢聚集一帮伙伴攻击体重超过它 20 倍的蓝鲸！

击 剑

它们叫一角鲸，脑袋前有一把长长的"长剑"，瞧！它们多像一对击剑手。一角鲸的"长剑"并不是头上长出的角，而是由一颗牙齿变成的。

人类的朋友

海豚和人类有着深厚的友谊，它虽然是鲸类家族中的小个成员，只有几米长，但是具有非凡的聪明才智。经过训练的海豚已经能帮助人类做许多工作，例如打捞海底沉物，援救海上遇难者等等。

晨光博士

据说海豚的学习能力已经超过了类人猿，为什么它会那样聪明呢？科学家发现，它的大脑特别发达，按照脑容量和体重的比例，它仅次于人类。

凶猛的食肉动物

我的肉很难吃，别吃我啊！

食肉动物都有尖锐的犬牙和锐利的爪子，动物界中的很多凶猛野兽都属于这个家族。号称"兽中之王"的老虎，就是食肉动物的典型代表。

白 虎

我们知道，老虎身上有一条条黑黄色的条纹，很像枯黄的茅草，使它不容易被猎物发现。但是，世界上还有因为变异而形成的白虎，可惜数量太少了，所以显得格外珍贵。

大问号

如果狮子和老虎一对一打架的话，谁更厉害？狮子称霸非洲，老虎亚洲为王，它们根本碰不上，也从来没有搏斗过。但是，根据它们的力量、灵活程度、耐力等方面对比的话，也许老虎要厉害些。

舌头上的肉刺

老虎,当然也包括其他食肉
,舌头表面长满肉刺,显得
糙。这样的舌头对它们进食
处,能够很容易地把粘在骨
的肉舔下来。

非洲霸主

　　狮子是非洲大草原上的无敌霸主,也是喜欢集体捕
猎的大型猛兽。捕猎时,先由雄狮发出惊天动地的狮吼,
等猎物惊慌逃窜后,埋伏在一边的母狮一跃而出,将猎
物扑倒。

皮毛上的"铜钱"

金钱豹比老虎小,但比老虎更灵活,而且善
树,甚至能把几十公斤重的猎物拖到树上慢
用。它的皮毛金黄色,上面布满一个个黑色
,好像古代的铜钱,所以得名金钱豹。

短跑之王

　　这是大名鼎鼎的非洲猎豹,也是动物
王国中的短跑冠军,每小时能跑 110 千米,
简直像一辆风驰电掣的高速轿车。

狐狸的苦衷

说起动物的狡猾，人人都会想到狐狸。其实，善用狡计的狐狸有它自己的苦衷。因为在食肉动物中，狐狸的个头小，力气也小，只好多动脑子和计谋来帮助自己捕捉猎物和逃避强敌。

狐狸，人人都说你大大的狡猾。

凶残的狼

狼的相貌很凶恶，性格也很残忍，属于特别贪婪的食肉动物，因此在人类的心目中，它成为不折不扣的敌人。的确，狼经常袭击大草原上的羊群，但它是依靠吃肉为生的动物，不这样做就会活活饿死。

夜晚的嚎叫

漆黑的夜晚，经常从森林中传出一阵阵凄厉的狼嚎，恐怖至极。狼在夜晚嚎叫，并不是为了增添恐怖气氛，而是狼群成员保持联系的语言。

晨光博士

狗的最大特点是嗅觉灵敏，要比人类的鼻子灵敏几十倍呢！
狗身上没有汗腺，不会出汗，大热天时只能依靠伸出舌头散热。

狗的来历

很久很久以前，狗的祖先是森林中的小野兽。它们喜欢围绕在人类附近，等候人类吃剩的肉食充饥。为了报答，它们在人类外出打猎时主动配合出击，等狩猎结束后，人类通常会奖赏它们一点猎物。久而久之，狗就由野兽变成家犬了，并成了人类的好朋友、好帮手。

动物大力士

熊的身材魁梧，力大无穷，不仅善于游泳，而且还是爬树能手。熊虽然属于食肉动物，但它什么都吃，例如果子、树叶、青草、小鸟、昆虫等等，当然，它最爱吃的是蜂蜜。

肉垫和胡子

猫号称"老鼠克星"，因为它的脚底有厚厚的肉垫，走路跳跃时几乎悄然无声，这样就能悄悄袭击老鼠。除此以外，猫有两撇细长胡子，如同天然的尺子，用它量一量鼠洞的大小，就知道能不能钻进去了。

温顺的食草动物

瞧瞧这张惊人的大嘴巴，如果把嘴完全张开一口能吞下一个小孩！不过，河马的样子虽然挺可怕，但它从来不吃人，甚至连别的小动物也不吃。河马与牛羊一样，属于典型的食草动物。

动物档案

食草动物主要有两大类：一类是偶蹄目，脚趾成双数，尤其第三、第四脚趾特别发达，如河马、骆驼、猪、鹿、牛、羊等；另一类是奇蹄目，最大特点是有蹄子，第三脚趾特别发达，脚趾成单数，如马、驴、犀牛等。

哇！你想吃人啊

动物"瞭望台"

世界最高的动物是非洲草原上的长颈鹿，它不又四条腿长，脖子更长，站在大草原上，好像一座高高的瞭望台。个子高当然有好处，只要脖子一伸，就能吃到嫩嫩的树叶呢。

斑马的"身份证"

斑马身上的皮毛黑一条，白一条，好像人工画出来的漂亮图案。可别小看这些条纹，那可是斑马用来识别同伴的"身份证"，因为，地球上没有两只条纹完全一模一样的斑马。

羚 羊

羚羊有很多种类，高的矮的，大的小的，但有羚羊的身体都特别轻巧敏捷，四肢细长，子又小又尖，奔跑速度极快，而且大部分头都长角。

带角的"装甲车"

犀牛这个大家伙足有两吨多重，鼻端挺出两只大角，一前一后，威风凛凛。更厉害的是，它身披几大块厚厚的牛皮，好像装甲车上的钢板，坚不可摧。犀牛的脾气平时很温和，可一旦发起牛脾气来，连狮子都不敢惹它。

后 记

朋友们，让我们一起来睁大眼睛看地球，地球是一个多姿多彩、充满梦幻的世界：高耸的山峰、宽广的土地、浩瀚的沙漠、流淌的江河、辽阔的海洋、绿荫的森林、绚丽的花卉、展翅的飞禽和奔跑的走兽……地球是这般的神奇，动人，美丽，可爱。

然而，你们知道吗？人类生存的地球正面临着严峻的考验："温室效应"、空气污染、水土流失、沙漠化危机、江海污染、森林逐渐消亡、珍稀动物濒临灭绝、生物多样性锐减……

人类只有一个地球，地球是人类的共同家园。因此，我们有责任帮助大家特别是少年儿童树立可持续发展的生态环境观念，唤起这些幼小心灵认识地球、热爱地球、保护地球和保护生态环境，使其从现在开始，从我做起，一起共同营造一个富饶美丽而又生机勃勃的自然生存环境。

承载着这种责任，我们撰写了《睁大眼睛看地球》这套儿童环保科普系列丛书，以尽绵薄之力。荣幸的是，贵州省新闻出版局、贵州出版集团公司和贵州人民出版社已将这套丛书列为重点图书；贵州省科学技术协会专门组织了中国科学院地球化学研究所倪集众等专家进行了修改审定；贵阳市科学技术协会还多次组织编委会对本丛书进行专题讨论，并对其出版发行给予了大力支持，这些都充分证明了以上单位对儿童环保科普读物的出版高度重视。在此，我们一并表示衷心的感谢。

由于时间仓促和水平有限，本丛书难免有不足之处，诚望读者不吝赐教、批评指正。

2011年6月6日